白銀盤裏
一青螺

洞庭湖

檀傳寶◎主編　陳苗苗◎編著

中華教育

為甚麼古人會說，品名水、賞名山、觀名樓、思名人、品名文，遊學洞庭湖如看一本「無字天書」？讓我們一起來讀這本「無字天書」！

用最強記憶，贏岳陽樓門票

調查研究洞庭湖和長江的關係

觀看屈原和漁夫的辯論賽

和三國水兵暢遊洞庭

目錄

旅程一

千里煙波入夢來

古代數學遊戲——跑胡子

　　誰是中國第一大淡水湖？知道答案的小朋友脫口而出：江西的鄱陽湖！洞庭湖真做過淡水湖老大嗎？怎麼證實呢？

　　事實上，歷史上的洞庭湖一直雄踞中國淡水湖之首，被形容成浩浩蕩蕩、橫無際涯，鼎盛期面積曾達到 6000 平方公里。湖面到底遼闊到甚麼程度？曹操洞庭練兵的傳說也許能啟發你的想像。

據說，三國時曹操的百萬大軍就選在洞庭湖安營紮寨，一時間，戰船佈滿水面，綿延數百里。只可惜，東風助了周瑜，這場赤壁大戰，曹操敗得一塌糊塗，三國鼎立的格局從此形成。

曹操百萬水軍是否選在洞庭湖進行訓練，還有待進一步考證，但水上練兵為甚麼會和洞庭湖聯繫在一起？這和洞庭湖的自然條件有很大關係。

洞庭湖位於湖南省北部，南納湘、資、沅、澧四水，在岳陽城陵磯注入長江，跨岳陽、汨羅、臨湘、益陽、桃源、臨澧、漢壽等地，有「八百里洞庭」之稱。

在曹操之後，還有一位名人選擇在洞庭湖練兵，他就是南宋農民起義的首領楊么。楊么是湖南人，因不滿朝廷腐敗，在洞庭湖一帶組織窮苦漁民編練水師，與宋王朝分庭抗禮，一度雄霸一方。

看到漁民們有點厭倦日復一日地軍訓，偏好算術又喜博弈的楊么，想出了一個好方法。他把漁民組織成特別的隊形，並創造出與之相應的木片字牌，這下，漁民們既識了字，學習了算術，又加強了軍事訓練，可謂一舉多得。因為當時玩這個遊戲的漁民們成天泡在湖中，人們戲稱之為「泡湖仔」，木片字牌由此得名。後來流行到岸上，木牌改為紙牌，取名「跑胡子」，並一直流傳到今天。

古代將領們如此鍾情洞庭湖，把它視為練兵、閱兵的好地方，這是否能成為一個生動的旁證，證明當年的洞庭湖曾橫無際涯呢？

無聊？來試試我發明的「泡湖仔」，學習、娛樂、軍訓三不誤！

3

浪漫公主的眼淚

望洞庭

劉禹錫

湖光秋月兩相和，
潭面無風鏡未磨。
遙望洞庭山水翠，
白銀盤裏一青螺。

詩人劉禹錫把我比作青螺，你覺得貼切嗎？

猜一猜，青螺指的是甚麼？

唐代詩人劉禹錫把「上下天光，一碧萬頃」的洞庭湖，比喻成一個白色的銀盤，而把俊秀的君山比喻為銀盤中的一枚青螺。這個比喻恰當嗎？

坐落在洞庭湖中的君山，古稱洞庭山，有神仙洞府的意思，洞庭湖的湖名就源於此。君山形如螺髻，四周環水，為洞庭湖中最大的島嶼。全島 72 座大小山峯，最高峯的海拔才 63.3 米，山峯不高，君山知名度卻很高，蓋過不少名山大川。如此顯赫，除了地理位置好之外，更重要的是，眾多的神話傳說為它編織了一件華麗的外衣，在很多文人墨客的心中，君山堪比蓬萊的仙境。

先從兩個浪漫的公主談起吧，她們是堯的女兒——娥皇與女英。傳說，姐妹倆同時嫁給舜為妻。後來，舜外出考察民情，病倒在途中。娥皇和女英聽說消息後，千里尋夫追到洞庭湖，卻得知舜已死，哀傷之下，她們縱身跳入洞庭湖。這時候，湖面漂來 72 隻青螺，托起她們，聚成君山。

舜去世後，娥皇和女英的眼淚哭乾了。

「斑竹一枝千滴淚」，傳說浪漫多情的公主淌下的眼淚滴在了君山的竹子上，從此，君山上的竹子便有了斑斑點點，那是愛情的見證！春秋時代，就有人在君山上為兩位公主修建祠堂，紀念這份生死相依的愛情。

此外，島上還有秦始皇的封山印、漢武帝的射蛟台、宋代的飛來鐘和楊么寨等眾多景點，一個個說起來的話，可能要大半天。但它們神乎其神的典故，是我們不能錯過的。

就拿封山印來說吧！相傳，為了使湘水神不再興風作浪，秦始皇掏出九龍玉璽，在君山蓋了四個大印，俗稱封山印。但封山印到底是甚麼符號、甚麼內容，還是一個未解之謎。

關於君山，還有一件事，你未必會想到。君山也是丐幫的故鄉，《射鵰英雄傳》等武俠小說提到過的丐幫年度大會，就在君山召開。小說情節可能是虛構的，但丐幫君山會議這一點，歷史上確有其事。說到這兒，不妨再推測一下，既然君山是丐幫的「聖地」，那丐幫幫主嫡傳的信物——打狗棒，是不是選用君山名竹製成的呢？

相傳，兩位浪漫多情的公主在君山上播下了茶種子，後來成為名聞天下的君山銀針。

據說，當年文成公主出嫁時，還特意選了它帶入西藏呢！你猜猜，她的婆家人會喜歡這個嫁妝嗎？你給家人選禮物時，會注重哪些方面呢？

▲ 君山銀針

▶ 沖泡時，顆顆茶芽懸立杯中

中秋賞月哪裏好？

中秋之夜，明月高懸，或闔家團聚，或三五好友相約，邊賞月邊吃月餅，談天說地，其樂融融。在神州大地，一輪明月可品出萬般滋味。真要是推薦起來，「洞庭秋月」一定榜上有名。

中秋去哪兒賞月好？推薦你「洞庭秋月」。

古人早在評選「瀟湘八景」時，就把「洞庭秋月」列在其中。說起「瀟湘八景」，它是畫家、書法家、自然景觀的珠聯璧合。北宋時，有位叫宋迪的畫家，他寄情山水，遊歷湘江兩岸，潑墨揮灑，使得「瀟湘八景」躍然紙上。書畫大家米芾看後歎為觀止，就題寫了「瀟湘八景」詩，從此，宋迪的畫、米

米芾的詩，融合着八景，名震天下，流傳千年。各地紛紛效仿，把桑梓之地的風景名勝也定為各自的八景。比如，日本的近江八景就是受其啟發得來。

▲平沙落雁

在這「瀟湘八景」中，「洞庭秋月」「遠浦歸帆」「平沙落雁」「漁村夕照」「江天暮雪」等，至今都是洞庭湖的寫照。而其中，「洞庭秋月」最吸引歷代墨客騷人。

▲江天暮雪

洞庭湖的「粉絲」眾多，張志和就是其中一位，說起他，知名度不低，《漁歌子》就是他的代表作。他自稱「煙波釣徒」，常常不遠萬里來到洞庭湖垂釣，釣到洞庭湖的細鱗魚，就在蘆洲上與哥哥張松齡一起嘗鮮。月亮一出來，兄弟倆就把船停靠在蘆葦邊，欣賞天然美景。

哥哥你看，月亮出來啦！

躺在小船上，看洞庭的月亮，真是別有一番滋味在心頭。

尋夢洞庭一 · 詩畫無雙

洞庭湖浩浩蕩蕩，還有誰來作證？

南朝，一位知名度很高的詩人叫陰鏗，他來到渡口，只見春水浩渺，洞庭青草湖水相連。詩人即興創作：「行舟逗遠樹，度鳥息危檣。」意思是，湖面廣闊無邊，鳥兒一口氣飛不過去，中途必須找地方休息一下。

接下來，唐代的李白來到洞庭湖，放眼一看，揮毫寫道：「洞庭西望楚江分，水盡南天不見雲。」

你覺得這兩句詩，可以替洞庭湖作證嗎？

湖泊那些事，你知道多少？

中國最大的淡水湖——江西省鄱陽湖

中國最大的鹹水湖——青海省青海湖

中國最深的湖泊——吉林省長白山天池

中國海拔最高的湖泊——西藏自治區納木錯

你能找到描寫這些湖泊的詩詞嗎？

_____

_____

_____

_____

_____

_____

讓我們來個珠聯璧合吧！

詩配畫，畫配詩

對欣賞者來說，因畫理解詩，因詩更懂畫。

找一首你喜歡的古詩，給它配幅畫；找一幅自己喜歡的圖畫或照片，配上一兩句有詩意的文字，還可以嘗試與小夥伴合作，一人作畫，一人配字。看看有甚麼收穫。

多少理想藏洞庭

漁夫與屈原的對話

　　前面，我們提到，洞庭湖的水由湘、資、沅、澧四水匯入，其中，沅水是洞庭湖水系最長的河流，在沅水下游，有一條由滄水和浪水匯合而成的支流，叫作滄浪水。

　　2000多年前的一天，面色憔悴的屈原走在滄浪水邊，江水的波瀾一如他心情的起伏。一個漁夫搖着小船靠近他，驚訝地問：「這不是三閭大夫嗎？你有甚麼苦惱啊？說來給我聽聽！」

屈原跟漁夫聊起了自己的理想和追求，屈原告訴漁夫：「我從小就立志報國為民，參與內政、外交工作後，竭盡全力幫助楚懷王發展楚國。但懷王卻聽信讒言，把我流放到此地。儘管委屈，我仍然盼望自己有生之日還能為楚國人民效力。可現在，我聽說楚國的形勢一天比一天黯淡，再想到自己也是白髮斑斑，內心不禁焦灼痛苦。我在水邊徘徊，就是想馬上回楚國去，直諫君王，哪怕肝腦塗地，也要為國家、為百姓盡自己最後一分力。」

聽完屈原的心裏話，漁夫感歎地說：「謝謝你分享你的理想給我聽。但恕我直言，我覺得沒必要對人生、對世事太執着，何不得過且過、隨遇而安呢？」

屈原長歎一聲，接着說：「你說的道理，我懂，可是，舉世皆濁我獨清，眾人皆醉我獨醒。對我而言，我寧可葬身魚腹，也要堅持自己的信念。」後來，屈原把跟漁夫的對話，寫成了《楚辭》中的名篇——《漁父》。 你看過這篇文章嗎？

漁夫的話有沒有道理？如果有一定道理，為甚麼沒能說服屈原呢？

我遺憾，不能和您活在同一個時代。

屈原投江100多年後，《史記》作者司馬遷去屈原投江處憑弔，「未嘗不垂涕，想見其為人」。正是懷着這種強烈的認同感，司馬遷寫了《屈原列傳》，這也是中國第一篇屈原傳記。

不僅在中國，在全世界，屈原也有很高的聲譽。1953年，屈原被世界和平理事會推選為「世界文化名人」。

好友的大手筆

洞庭湖畔，有一座樓，因一篇文章名揚天下，這篇文章，很多中國人都能信手拈來，背上幾句。不再拐彎抹角啦，樓是岳陽樓，文章是《岳陽樓記》。

有一次，岳陽樓景點在國慶期間推出了一個活動，誰能在 10 分鐘之內背誦出《岳陽樓記》，誰就能領取免費門票。結果，活動期間有 3000 多人成功背誦免費登上了岳陽樓。要是《岳陽樓記》的作者范仲淹看到這場面，會說甚麼呢？

> 國慶節活動，會背《岳陽樓記》的遊客，免票！

> 要是范仲淹看到這場面，會說甚麼呢？

1046 年，范仲淹因倡導變革被貶，恰逢在岳陽做官的朋友滕子京正重修岳陽樓，誠摯邀請他寫一篇樓記，他便借樓寫湖，憑湖抒懷，一出手就是大手筆，創作了千古名篇《岳陽樓記》。

這篇文章聞名到甚麼程度呢？從《古文觀止》到中學課本，常選不輟；從政界要人、學者教授到中小學生，都讀過、背過。

《岳陽樓記》裏面幾乎句句是警句，最有名的當數：「先天下之憂而憂，後天下之樂而樂。」都說文由心生，這兩句話也反映出范仲淹的人格追求。

你覺得，這種境界、襟懷容易煉成嗎？你渴望擁有嗎？

也正因為這兩句話，岳陽樓和浩渺的洞庭湖成為後代子孫的朝拜「聖地」。對着它，想人生，思榮辱，知使命，遊歷一次便是一次修身養性。

當代以來，無數革命先烈和仁人志士正是做到了「先天下之憂而憂，後天下之樂而樂」，才有了中華人民共和國的誕生和現在祖國的繁榮富強。你能舉出其中幾位人物的名字來嗎？

▲ 岳陽樓不高，只有三層，但自從范仲淹寫下《岳陽樓記》，其展現的文化境界遠遠超過了岳陽樓的實際高度

　　在古代，樓閣是神聖、尊貴和威嚴的象徵，許多文學名篇因樓閣而誕生，而這些樓閣也隨着名篇流芳百世。說起來，比較有代表性的要數江南三大名樓，它們是湖南岳陽的岳陽樓、江西南昌的滕王閣、湖北武漢的黃鶴樓。

「老小孩」的逍遙生活

你知道「世外桃源」一詞出自哪裏嗎？

這詞出自陶淵明的《桃花源記》。

約 419 年，快 60 歲的陶淵明創作了《桃花源記》，說是武陵的一個漁夫，駕船沿着一條小溪前行，忽然看到山中有一個缺口，就丟下船從這缺口裏走進去，發現了另外一個世界。在這個世界裏，土地平曠，房屋整齊，人民生活古樸，怡然自得，漁夫的到來令他們又驚又喜，他們紛紛請漁夫去家中吃飯。一聊下來，漁夫才知道，當地人的祖先為了逃避秦時的戰亂，才逃進這個桃花源，因為一直生活在這個與世隔絕的世界裏，他們根本不知道秦以後有過漢代，漢代以後又有晉代。漁夫在桃花源裏住了好幾天，想家了，就告別當地人，出了桃花源。這之後，漁夫循着原路又去尋找，卻找不到了。

陶淵明筆下的桃花源是否真實存在？如果存在，它的實際位置在哪裏？1000 多年來，這引起了廣大讀者的極大好奇。

明明順着原路尋找，怎麼找不到了？

不少人認為，桃花源的原型在湖南省常德市的桃源縣——洞庭湖畔的魚米之鄉，但何以為證呢？

研究者們查證，常德舊稱「武陵」，東晉詩人陶淵明在《桃花源記》開篇便道：「晉太元中，武陵人捕魚為業。」此外，他們還舉證說，桃源縣面對滔滔的沅江，背倚巍巍的山峯，行人沿水前行，便會看到一大片桃林，其景象與陶淵明文章中的描寫如出一轍，「中無雜樹，芳草鮮美，落英繽紛」。

其實，桃源縣是否真是桃花源原型，答案已不重要了。因為從漢代開始，桃源縣就以自然風景區著稱，晉代以後，這裏又建立了桃川宮等人文景觀，大約在北周時代，人們發現這裏與陶淵明筆下的桃花源十分相似，遂改名為「桃花源」。其實在這個過程中，它出落得愈加安靜唯美，早就名副其實了。

▲夕陽西下，漁人帶着收穫，歌詠而歸，更平添了世外桃源的意境

恰同學少年

　　中華人民共和國開國大典，指 1949 年 10 月 1 日在北京為中華人民共和國中央人民政府成立而舉行的儀式。儀式下午三點開始，直到晚上九點才結束，此次大典的舉行標誌着中華人民共和國的成立。

　　開國大典那天，站在天安門城樓上的人中，好幾位都和洞庭湖有關。

老鄉，我們幫你們寫對聯、寫信，換食宿，如何？

　　青年時期的毛澤東多次遊學洞庭湖。第一次是在 1918 年，他沿洞庭湖南岸和東岸，經湘陰、岳陽、平江、瀏陽幾縣，遊歷了半個多月，進行社會調查。

　　和毛澤東一起遊學洞庭湖的學友，也是個滿懷愛國熱情的青年，他叫蔡和森。據說，兩個人沒帶甚

麼錢，期間全靠替農民寫橫幅對聯、信件，種菜種莊稼換得食宿，但通過這趟遊學，他們了解到地理、歷史、社會政治、民情等多方面的知識，受益匪淺。

其實，從古代起，洞庭湖沿岸就是遊學的好地方，這裏集名水、名山、名樓、名人、名文為一體，到此一遊，相當於讀了一本無字書啊。

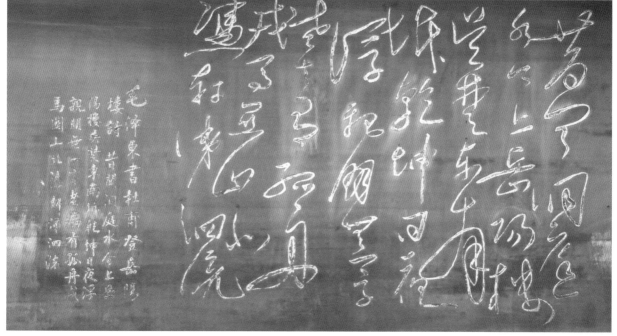

▲ 毛澤東手書杜甫詩《登岳陽樓》，現掛在岳陽樓二層

尋夢洞庭二 · 我的理想

　　范仲淹從小讀書就十分刻苦，疲乏到了極點，就用涼水澆臉來驅除倦意。由於家貧，生活很艱苦，甚至不得不靠喝粥度日，但他卻志向不改，因為他心中有一顆種子。

　　很多人欽佩他的成就，跟他「取經」，他在《寄鄉人》詩中回覆說：「鄉人莫相羨，教子讀詩書。」

猜一猜，范仲淹悄悄在心中種下的種子是　　　　　　　　　　　　。

傾聽自己的聲音，補全下面的文字。

我在心中種下一顆種子，它叫　　　　　　　　，我每天都好好地澆灌它。

聊聊理想那些事

　　理想，是對未來社會和自身發展的嚮往與追求，是你從小到大總會談起，卻很少好好想想的那個東西。

　　在現實生活中，或者在網絡上，你傾訴過自己的理想嗎？傾聽過別人的理想嗎？如果沒有，嘗試分享一下，比較一下異同，進一步認識自己、了解他人。

洞庭湖「遊學之旅」啟動啦！

調查任務：有人說，此處盛產政治家，實地考察，探究原因。

交通樞紐？　　屈原影響？　　愛吃辣椒？　　還是其他？

　　遊學，是一個「行萬里路，讀萬卷書」的過程，是世界各國、各民族文明中最為傳統的一種學習教育方式。近年來，學生和家長的遊學熱度不斷攀升。

　　是不是花錢越多、遊得越遠，越能體現遊學的優越性呢？如果由你來制訂遊學計劃，你首選哪裏？怎樣才能收穫更多呢？

旅程三

最早的城裏人

「城」字為甚麼是土字旁

「城」字為甚麼是「土」字旁？

也許，城頭山會告訴你答案。

城頭山曾是一座城，一座中國最古老的城市。

史學家說，洞庭湖畔的澧陽平原，四萬年前就出落得美麗富饒了。

　　城頭山遺址發現於 1979 年，地處洞庭湖西岸澧陽平原中部，總佔地面積 15.2 萬平方米，距今約 6000 年。它是迄今為止，在中國發現的年代最早、保存最完整、內涵最豐富的古城址，也是人類當之無愧的「城池之母」。它的發現震動了海內外，引起學術界的極大關注。

黃土，全是黃土。城頭山找不到一根鋼筋、一塊磚石。要知道，中國最早的磚也比它的建城史晚了近 3000 年。就這樣，散落的黃土，在先祖智慧的手中變為固若金湯的城牆。在中國，早期的城牆無一不是黃土夯成的，這是不是「城」字是土字旁的原因呢？

作為最早的城裏人，城頭山人如何規劃自己的城？

城裏有東西南北四個門，兩兩對稱，門與門之間有道路連接。城內各個區域功能明確，北面是墓葬區，南面有宮殿區、居住區、作坊區甚至集市區。

▲ 城頭山古文化遺址

進城看看，城頭山人怎麼佈置自己的家？

你很難想像出來，6000 年前的舊石器時代，城裏居然有了帶走廊的「四室一廳」。以出土的一個大家族為例，進門後，7 間 4~8 平方米的小房間分佈在公共走廊兩旁，再往後走，是廚房和餐廳。

猜一猜，6000 年前的餐桌上都擺放着甚麼？除了香噴噴的白米飯，還有豬、牛、羊、鹿、魚等肉食，青瓜、冬瓜、栗子、桃子、葡萄、李子等蔬果，也是餐桌上的必備品。你怎麼知道？當然是出土文物洩的密！

　　吃剩的東西怎麼處理？吃剩的骨頭、果核和破碎的麻布等生活垃圾一起被扔到南城門的壕溝裏。

　　晚飯後還有活動。城頭山人先去西面的社廟裏祭拜，感謝祖先賜予的美好生活。然後散着步去製陶區逛逛。陶窯裏，泥料坑、貯水池等一應俱全。各式各樣精美的陶器還被裝上船，通過南門的渡口，遠銷城外。

　　撥開 6000 餘年歷史的重重迷霧，我們彷彿可以看到，城頭山先人們在引火燒窯，在切削瓜果，在烹煮食物，在幸福、踏實地生活着。

　　真正走進城頭山古城遺址，它可能遠沒有你想像中的雄壯，時間在賦予它厚重生命的同時，也以一種不可抗的力量將它逐漸掩蓋。

猜猜，它們是甚麼植物的果核？

　　從 1991 開始，國家先後對城頭山進行了 10 多次考古發掘，發掘面積近 9000 平方米，出土文物 1.6 萬餘件。為了保護、延續這個大遺址，目前，國家批准城頭山國家考古遺址公園投入建設。未來，這裏將集文化展示、體驗、研究、休閒等於一體。人們正在做的不只是建造一座博物館，而是還原「中國最早的城市」，還原一座神祕悠遠的城。

▲ 圖為出土的野生大豆、芡實、菱角、蓮子、山毛桃、君遷子、懸鈎及野葡萄等果核

別看這塊稻田地不太起眼，它可是迄今為止，世界上發現得最早的水稻田，而且保存得也最好。

2010年5月1日，上海世博會開幕，中國館展示的是「城市發展中的中華智慧」，入館第一景就是「中國最早的城市——城頭山」。

模擬活動

模仿城頭山人一天的生活，想像一下，從早到晚，他們做些甚麼，想些甚麼？與現代人的生活方式相比，有甚麼異同？

神祕的北緯 30 度

你會看地圖嗎？瑪雅文化、金字塔、巴比倫王國，都在同一個緯度嗎？

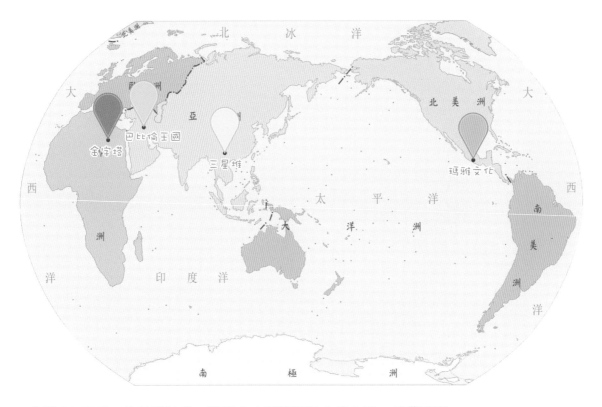

北緯 30 度是一條神祕地帶，世界古文明發源地大多在這一地帶附近。

從衛星上俯瞰地球，你就可以發現，位於北緯 27°55′~ 30°23′ 的洞庭湖及其周邊地區，是一片鬱鬱蔥蔥的圖景。大自然偏心地將「人類文明濕地」鑲嵌於洞庭，面積 61.2 萬公頃的洞庭濕地位居我國淡水濕地之最，被譽為「拯救世界瀕危珍稀鳥類的主要希望地」「全球物種基因庫」。

在洞庭濕地，飛越大半個地球的鳥類在此停憩、越冬，佇立洞庭之畔，不經意之間，你就會與一羣不遠萬里而來的精靈偶遇。

此外，洞庭湖還是著名的魚米之鄉，是湖南省乃至全國最重要的商品糧油基地、水產和養殖基地。司馬遷、班固均用「稻飯羹魚」來描繪這裏的社會經濟生活。唐代著名詩人李商隱有《洞庭魚》一詩：「洞庭魚可拾，不假更垂罾。鬧若雨前蚊，多於秋後蠅。」

人們在洞庭湖裏經常可以捕到大魚。1968 年，湖畔一個小伙子結婚，準備下湖捕魚答謝來賓，結果洞庭湖給他送了份「賀禮」：捕上來一條 39 公斤重的大鱣魚，婚宴上十幾桌人都沒有吃完，還剩了 15 公斤多。

這賀禮太大了吧？

找一找北緯30度這條線上還有哪些神祕地帶？

重回淡水湖「老大」?

巨龍之「腎」

如果把長江流域比作一條巨龍，洞庭湖則是它的「腎」。

你了解腎對人體有哪些功能嗎？

腎臟是人體的重要器官，以尿液的形式排出廢物和多餘液體，承擔了人體最髒、最累的排污工作。

洞庭湖依偎在萬里長江的中游，是重要的洪水分流通道和調蓄場所，是目前與長江保持水體交換為數不多的天然湖泊。對長江來說，它起到了「腎」的作用。如果洞庭湖沒有發揮好「腎功能」，長江中游就可能遭受洪水之災。

洞庭湖對長江的這份擔當，由它們的「地質血緣」注定。

只要打開地圖一看，就心領神會了。

洞庭湖南納湘、資、沅、澧四水，北與長江相連，通過松滋、太平、藕池、調弦（1958年已封堵）「四口」，吞納長江洪水，湖水由東面的城陵磯附近注入長江。

至於城陵磯，這裏要多提一筆。從古至今，作為洞庭湖總出口，它的地位無人能撼。600多年，李唐王朝的運糧船選擇走城陵磯，因為這裏是東西南北

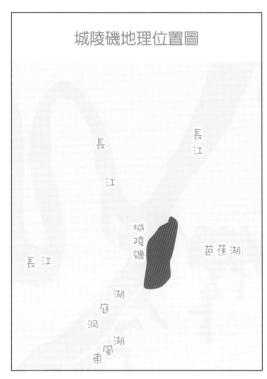

城陵磯地理位置圖

長江

長江

城陵磯

芭蕉湖

長江

洞庭湖風東

▲ 洞庭湖水從這裏奔湧向長江

水路的交匯點，南方供奉朝廷的稻米，大多數只能從這裏往北去。1956 年，人們在城陵磯建起了第一座正規化的碼頭。

洞庭湖，是江、河、湖泊吞吐自如的「水袋子」，整個長江中下游區域唯此一處。回顧長江中游近 2000 年以來的水患，洞庭湖與長江這種「西進東出，融合一體」的江湖關係，曾對肆虐的洪水起到了「化解」，至少是「削峯」作用。兩者之間的合作如果出現問題，洪澇災害危險系數就會顯著增大。

除了沉積淤泥、分蓄洪水，洞庭湖還承擔着「調理」長江生態的工作，因此，說洞庭湖是長江的保命湖也不為過。

江和湖之間的浪漫事

有人比喻說，江和湖就好比一個大家庭中的兄弟姐妹，它們相互牽掛，相互支持，相互分擔。從洞庭湖與長江的關係看，你認為這個比喻有道理嗎？你能體會相互支持、彼此分擔的感情嗎？生活中，你有這樣的體驗嗎？

最浪漫的事，就是牽手到永遠。

江　湖

湖裏「長」出一個縣

▲ 清初　　▲ 現在

比較一下，洞庭湖有甚麼變化？

左圖的左邊是清初的洞庭湖示意圖，右邊是洞庭湖現狀示意圖，比較一下，洞庭湖有甚麼變化？可以看出，西南方向的大片湖水，今天都已經是永久性的陸地所在了。

19 世紀中葉，洞庭湖開始由盛轉衰，進入有史以來演變最為劇烈的階段。6000 平方公里的浩瀚大湖，萎縮成目前 2600 多平方公里的湖面，就是在這 100 多年內發生的。

近代的洞庭湖為甚麼萎縮得這麼快呢？應該說，自然和人為因素都要負責。自然因素就是泥沙淤積問題，長江水含沙量增大，使洞庭湖越變越小；人為因素主要指圍湖造田問題，它加劇了洞庭湖的萎縮。

萎縮到甚麼地步？湖裏竟然長出一個縣！

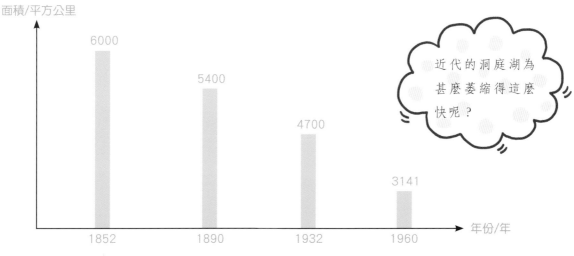

面積/平方公里

6000

5400

4700

3141

1852　　1890　　1932　　1960　　年份/年

近代的洞庭湖為甚麼萎縮得這麼快呢？

洞庭湖面積變化圖

南縣這塊地方，在 1840 年以前，是一大片湖加幾個露出水面的小山頭。1825 年刊刻的《洞庭湖志》上，還沒有這個縣城的影子。1852 年，長江洪水從藕池口大量進入，一路沖出一條大河來，河流直接進入洞庭湖。隨洪水而來的，是長江上游的大量泥沙，洞庭湖開始淤積，僅僅幾十年，就淤積出一個南縣來。

而且，這個縣還在持續長大。有人找出一份光緒二十六年（1900 年）的土地轉讓契約，上面只規定了西部的邊界，東、南、北都沒有約定，這是為甚麼呢？原因就是——土地一直在增長中。

100 多年過去，南縣已經是一個人口稠密、縣境達 90 萬平方公里的大縣了。站在南縣，你無法想像，腳下的土地原本是洞庭湖的湖心，如果說滄海桑田，這恐怕是最短促的滄海桑田了。

小實驗

洞庭湖遭圍墾和長江洪水有甚麼關係？

假設洞庭湖是個洗臉盆，泥沙淤積只會使盆子變淺，面積變化還不大，但是一圍墾，不僅霸佔了盆子的邊緣，還逐步地往裏推進，大盆子就變成了小盆子。洞庭湖面積縮小了，水位上升就會很明顯，如果長江再來水，它就發揮不出調蓄作用了。你理解了嗎？

徵集各地方言——「甚麼事」

南縣「出生」後，四方移民紛至沓來，各地文化和習俗不同，融合並非易事。第一個難題就是語言關。如「甚麼事」，湖北人説「麼事」，江西人説「麼哩事」，長沙人説「麼子」，此外還有「麼子路」「搞麼得」「咦的」「哪門的」等。隨着交流的深入，你學我，我學你，各方居民都能聽得懂的南縣話逐漸形成。

「甚麼事」，用你的家鄉話怎麼説？

讓雲夢澤不再傷心

傷心雲夢澤，歲歲作桑田。

圍湖造田，開墾出糧倉，不是一種貢獻嗎？您太多慮啦！

沒想到，我竟然一語成讖！後代們，你們要為洞庭湖着想啊！

早在唐代時，就有人預言了洞庭湖的命運，他並非預言師，他的本職工作是個詩人，叫李羣玉，調查研究洞庭湖後，他寫了一首五言絕句《洞庭干》，其中，「傷心雲夢澤，歲歲作桑田」就是對圍湖造田會造成洞庭湖乾涸的預警。

這位唐代詩人並非杞人憂天，近代以來，「氣蒸雲夢澤，波撼岳陽城」的洞庭湖，逐漸退居淡水湖第二，這就是一個印證。洞庭湖的未來如何？不少人盼望它重回淡水湖「老大」，這個願望能夠實現嗎？

從 20 世紀末開始，中國政府加大了對洞庭湖的治理力度，改變單純靠「堵」的傳統辦法，開始了退田還湖、移民建鎮等工作，目前洞庭湖的面積已經出現了恢復性的增長。

現在，我們就實地走訪一下。第一站是青山垸，現在叫青山湖，它位於湖南省常德市漢壽縣，1975 年左右，由當地人從洞庭湖裏圍墾出來，面積約 11 平方公里，整體看，青山垸就如同一條深入洞庭湖的舌頭，

退田還湖前，青山
垸密密麻麻地圍網
捕魚。

33

奇險無比。這裏曾有兩個鄉，居住着 5700 多名百姓。

1998 年，青山垸於國家頒佈相關政策之前，實行退田還湖，垸內的村民全部遷到地勢較高的蔣家嘴鎮，一次性轉變為城鎮居民，原來的耕地和住宅地退為湖面或濕地。1999 年，青山垸劃歸西洞庭湖自然保護區，同時，青山垸成為世界自然基金會（WWF）長江項目首個示範點。2002 年，此地被列入《國際重要濕地名錄》。

退田還湖給青山垸帶來哪些變化呢？走！帶上望遠鏡，跟着鳥類專家調查一下。不看不知道，這裏的鳥類總數，由原來的 20 多種增加到 100 多種，數量增加到 3 萬多隻，還出現了羅紋鴨、白鷺、鶴鷸等濕地水禽。

不僅青山垸，未來，隨着治理的深入，洞庭湖浩浩蕩蕩、橫無際涯的景象有望全面恢復，會不會重新成為淡水湖「老大」呢？

現在的青山垸，綠草青青，碧水盈盈，沙鷗翔集，錦鱗游泳。如果整個洞庭湖都能恢復如此勝景，一定會成為和諧生態的典範。

生態環境日益改善後，洞庭湖能不能重回淡水湖「老大」呢？

洞庭湖觀鳥大賽

　　洞庭湖觀鳥大賽開賽啦！各代表隊將在24小時內，在規定賽區，分別記錄所觀察到的鳥種，記錄種數最多的代表隊獲勝。

觀鳥社社長考考你

1. 觀鳥光用眼睛看可以嗎？

　　不僅要看，還要用耳朵聽，因為很多鳥躲在樹叢中看不到，但叫聲能聽到。

2. 查一查下面的鳥都叫甚麼名字。

洞庭湖小記者團出動

退田還湖給湖區羣眾的生活帶來哪些變化呢？

我們找位當地資深漁民採訪一下。唐老伯號稱「魚博士」，退田還湖最初讓他很矛盾：一方面，他對治理洞庭湖期盼已久；另一方面，故土難離，而且失去田地、不讓捕魚後，他不知道自己做甚麼工作好。你理解唐老伯的處境嗎？

儘管生活面臨極大挑戰，但許多「唐老伯」們支持了國家退田還湖的政策，採訪中，常聽到他們說的一句話就是：人給水出路，水給人活路。

你認同這句話嗎？退田還湖後，湖區百姓們需要另謀生路，你覺得他們需要哪些幫助？

人給水出路，水給人活路。

您支持退田還湖嗎？

請你來排序

洞庭湖曾雄踞淡水湖「老大」數千年，現在無奈退居第二，很多人替它感到惋惜。

但對洞庭湖來說，名次真的那麼重要嗎？或者，還有更重要的，比如健康，比如它和長江之間的和諧共處，再比如＿＿＿＿＿＿＿＿＿＿＿＿。

不過，也有很多熱心人士建議，如果有一天，洞庭湖「再次發育」，還是要對它的面積做一次權威的勘測，並給出新的排名。你贊同嗎？

我的家在中國・湖海之旅⑦

白銀盤裏
一青螺 | 洞庭湖

檀傳寶◎主編　陳苗苗◎編著

責任編輯：梁潔瑩
裝幀設計：龐雅美
排　版：時　潔
印　務：劉漢舉

出版 / 中華教育

香港北角英皇道 499 號北角工業大廈 1 樓 B

電話：(852) 2137 2338

傳真：(852) 2713 8202

電子郵件：info@chunghwabook.com.hk

網址：https://www.chunghwabook.com.hk/

發行 / 香港聯合書刊物流有限公司

香港新界荃灣德士古道 220-248 號

荃灣工業中心 16 樓

電話：(852) 2150 2100

傳真：(852) 2407 3062

電子郵件：info@suplogistics.com.hk

印刷 / 美雅印刷製本有限公司

香港觀塘榮業街 6 號

海濱工業大廈 4 樓 A 室

版次 / 2021 年 3 月第 1 版第 1 次印刷

©2021 中華教育

規格 / 16 開（265 mm x 210 mm）